贝太厨房
美食系列图书

U0161559

四季饮约

Dating

贝太厨房 著

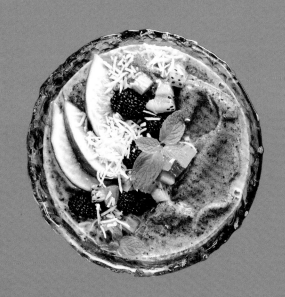

化学工业出版社
·北京·

内容提要

饮品从不是我们生活中的主角，但清晨的咖啡，忧伤时的奶茶，夏日里的冰沙，冬日里的可可……似乎少了哪一杯，生活都会略显暗淡。

这次，我们将饮品拉到聚光灯下，与它们来一场四季的约会。本书按照四季更迭，将各式各样的饮品，根据特征、食材等因素分列其中，共收录了 95 款原料常见，制作简单，特色鲜明的新款时尚饮品。

无论是甜蜜一刻的草莓果酱酸奶杯，还是伴着夏日徐风的青柠薄荷莫吉托，抑或是大快朵颐后的苹果醋，想微醺时的青青梅子酒，总有一款饮品适合此时此景下的你。

图书在版编目（CIP）数据

四季饮约 / 贝太厨房著. —北京：化学工业出版社，2020.8
ISBN 978-7-122-36998-7

I. ①四… II. ①贝… III. ①饮 料 – 制 作 IV.
① TS27

中国版本图书馆 CIP 数据核字（2020）第 085195 号

责任编辑：丰 华　李 娜　　　　装帧设计：锋尚设计
责任校对：张雨彤

出版发行：化学工业出版社（北京市东城区青年湖南街 13 号 邮政编码 100011）
印　　装：北京华联印刷有限公司
787mm×1092mm 1/16　印张 10¼　字数 250 千字　2021 年 1 月北京第 1 版第 1 次印刷

购书咨询：010-64518888　　售后服务：010-64518899
网　　址：http://www.cip.com.cn
凡购买本书，如有缺损质量问题，本社销售中心负责调换。

定　价：68.00 元　　　　　　　　　　　　　　　　版权所有　违者必究

四季更迭，总是令人心动的。也许，最多人向往的，还是春季。蛰伏了一个寒冬，蜷缩在厚厚绒衣里的身体，略显僵硬，满目的枯竭也让心灵燃不起激情。只待那河开燕来之时，换上轻薄的衣服，舒展一下四肢。然而，2020年的春季却在口罩下匆匆而过。本应倾巢出动的春天，也只能小心翼翼地感受着，隔窗赏一赏家门口的那棵玉兰与樱花，已是幸运。

疫情或许禁锢了我们的步伐，却无法阻挡我们的味蕾。饮品在美食面前一直扮演着配角，像个机敏且低调的小姑娘，敏锐地感受着周遭的变化，巧妙地配合着此时、此地、此景，然而却没人将目光锁定在她身上，唯有她缺席的瞬间，才莫名觉得少了什么，宛如没有红酒的烛光晚餐，没有咖啡的工作日清晨，少了下午茶的慵懒午后，没有焦糖热可可的寒冷冬日，少了沁爽汽水的炎炎盛夏，更是没有啤酒的路边撸串……所有闪光的时刻都暗淡了，而小小的一杯饮品就是点亮灯光的那声响指。

这本全部是饮品的书，将配角拉到聚光灯下。按照四季更替，用应季的食材，做出最应时应景的饮品，让每一季的季节感都加倍。春天是绿茶与莓果的清新舒畅，唤醒沉睡的味蕾；夏天的主题是冰爽，水果冰沙与鸡尾酒，带来加长版的绚丽夏日；秋天是暖融融、金灿灿的，柑橘与咖啡，又醇厚又温暖；冬天的凛冽寒风，就交给冬日暖饮去对付吧，热可可、焦糖、热红酒，尽情享受热量带来的温暖安全感吧。

无论四季如何变化，饮品总会如约而至，下一个春天，再下一个春天，再再下一个春天……我们会更好。

郑雪梅
2020年·春

spring 春 /001

autumn 秋 /091

春天，万物复苏，草长莺飞，一切都显得生机勃勃，充满活力，唯有人们在这个时候往往困顿乏力，所以消除春困便成了这个季节的头等要事。此时，你或许会冲泡一杯茶来缓解困意。绿茶有生发作用，此时饮用是极好的。另外，"春宜饮花"的说法向来有之，很多花茶都有提神醒脑的作用，而且春天恰逢花开，正好入茶。人间三月，春和景明，寻一处静室，点以流香，佐以鲜花，约三两好友，赏茶品茶，和静清寂，别有清欢。

春天，也正当参差红紫采桑时。以桑葚入酒，古已有之，做成思慕雪，微酸泛甜。趁着桑葚当季，酿一壶好酒，做一碗酸甜。除了桑葚，草莓、樱桃、芹菜等新鲜果蔬也陆续上市，或用水果搭配茶包，茶解甜腻，更显果香与茶味；或将水果与酸奶、牛奶、花茶等混合，做成口感更加丰富的饮品，用甜美滋味唤醒历经漫漫长冬的味蕾；或选三两种蔬果，合理搭配，做一杯大自然颜色的春日生机饮，把整个春天都装入肚中！

莓莓果茶

春

👥

准备时间 10min

制作时间 6.5h（含烘烤时间）

用料

草莓…5颗   车厘子…5颗   白砂糖…20g

树莓…10颗   洛神花…2朵

蔓越莓…5颗

做法

1 所有水果洗净，用厨房用纸擦去水分。草莓切片，车厘子对半切开去核。取100ml温水与白砂糖混合成糖水，将所有水果放入铺好烘焙纸的烤盘中，表面刷糖水，放入烤箱中80℃烘烤6h成果干。

2 用500ml热水将洛神花和果干一起冲泡3min即可饮用。

 可一次性烘烤更多分量的水果分次使用或直接购买冻干水果片。

糖渍混合水果气泡水

春

👥

准备时间 3min

制作时间 1 天（含冷藏时间）

用料

草莓…4颗　　　　樱桃…10颗　　　　苏打气泡水…500ml

柠檬…1个　　　　白砂糖…40g

奇异果…1个

做法

1 分别将柠檬切片，奇异果去皮切片，草莓去蒂切块，樱桃去核。

2 将水果片与白砂糖交替倒入罐子中。用长柄木勺将罐子中的水果按压、轻轻捣烂，使水果汁水与白砂糖混合。密封冷藏1天或至白砂糖与果汁充分融合即可。

3 将糖渍水果倒入杯中，加入苏打气泡水即可，也可再放入一些新鲜水果。

 春 # 乳香草莓饮

👤

准备时间 2min

制作时间 4h（含冷冻时间）

用料

草莓…8颗 　　　　洛神花…2朵

养乐多…50ml 　　　冰糖…15g

牛奶…50ml

做法

1 奶锅里加入洛神花、冰糖和300ml水煮开，转小火后继续煮
  5min关火。放置温凉后滤去洛神花，煮好的汁水倒入冰盒中，
  移入冰箱冷冻室冻成冰块。

2 草莓去蒂清洗干净，切成小块放入食品搅拌机中，同时加入养
  乐多和牛奶，一起搅打30秒。

3 打好的草莓乳倒入杯中，加入冻好的洛神花冰块即可。

草莓果酱酸奶杯

草莓中的果胶含量比较高，所以当用"熬煮时"和"冷却后"的状态，一起加在杯壁上一层，也能轻松做出双层质感了。

👥👥👥

准备时间 6min

制作时间 15min

草莓酱用料

草莓…500g   白砂糖…120g

柠檬…1个   草莓糖浆…20ml

麦芽糖…150g

酸奶杯用料

新鲜草莓…5颗   红加仑…5g   薄荷叶…3g

开心果仁…15g   酸奶…500ml

做法

1　提前制作草莓酱：草莓冷水冲洗后去蒂，用厨房用纸吸干表面水分，较大的草莓切成两半。柠檬取汁备用。

2　在大碗中混合草莓、白砂糖、柠檬汁、草莓糖浆，用橡皮刮刀轻轻搅拌至草莓与糖充分混合，浸渍40～60min。

3　将静置好的草莓放入耐酸的锅中，轻轻搅拌，大火煮开后转小火煮5 10min，同时不停搅拌，仔细捞去浮沫。再加入麦芽糖继续熬煮，边煮边用木勺搅拌，直至酱汁浓稠，即为带有草莓颗粒的果酱。

4　将酸奶与草莓酱分次混合倒入杯中，最后放上新鲜草莓、开心果仁、红加仑、薄荷叶即可。

 糖受到果汁浸润会完全溶解，草莓会释放出天然果胶，在烹煮前就会形成汤汁，可以减少果酱熬煮的时间，并保留水果的美味。

粉红洛神果饮

准备时间 10min

制作时间 2min

用料

洛神花…2~3朵

混合干莓果茶（含苹果、蔓越莓、小红莓、草莓等）…15ml

蜂蜜…适量

蜜饯洛神花…5~6朵

新鲜小红莓…50g

做法

1 把洛神花与混合干莓果茶果粒放入玻璃杯或玻璃壶中，根据个人喜好，注入温水或开水，浸泡10min。

2 依据个人口味，调入蜂蜜。放入蜜饯洛神花与新鲜小红莓，可以令饮品味道更丰富。

春日生机饮

👥

准备时间 10min

制作时间 3min

用料

苹果…2个   芹菜…1根（约30g）

胡萝卜…1根   糖…适量

做法

1 苹果洗净去掉果核切小块。胡萝卜洗净削去外皮，切小块。芹菜洗净切小块。

2 将所有用料放到榨汁机中，榨汁即可。如果没有榨汁机，也可以用搅拌机来做，将处理好的所有用料放入搅拌机中，加入300ml纯净水，搅打后将果汁过滤后饮用。

3 饮用时可在杯口涂抹一圈糖，增加口感。

 春 # 百香果金橘茶

&&&

准备时间 5min

制作时间 10min

百香果富含十余种水果的香味，芬芳迷人，但口感较酸，需要大量的糖来调和它的酸味，也适合熬成果酱，用来冲茶或者配合糕点吃都是很不错的选择。

用料

百香果…3个   冰糖…60g

青金橘…2个   蜂蜜…2勺

做法

1 把百香果洗净剖开，挖出果肉。青金橘冲洗干净后用开水冲烫一下表皮，切开备用。

2 坐锅热水（约1000ml），水开后放入百香果的果肉，加入冰糖搅拌至溶化，小火煮5min后关火，倒入杯中。

3 加入切好的青金橘，调入蜂蜜，可以根据自己的口味调节，喜欢甜的可以多加一点。

春 美艳浆果汁 🍸

事实上，漂亮的浆果的确能起到养容的作用，它们出色的抗氧化能力让肌肤变得温和，只要轻轻地留下指印。

8888

准备时间 10min

制作时间 45min

用料

伏特加…180ml

糖浆…80ml

树莓汁…500ml

苏打水…750ml

草莓…250g

蓝莓…125g

树莓…125g

柠檬…1个

冰块…适量

做法

1 所有浆果洗净，草莓去蒂切成两半。柠檬切成薄片。

2 把糖浆、伏特加和苏打水兑入树莓汁中，加入所有浆果和柠檬片，最后加冰饮用。

芝士芒芒

一杯引人垂涎的水果茶中，果香与茶味融合一体，入口酸甜适宜。将四季之果藏于杯中，便可舒心品味别样味道。

👥👥

准备时间 5min

制作时间 5min

用料

台农芒果⋯400g   淡奶油⋯90ml   白砂糖⋯20g

茉莉绿茶茶包⋯1包   奶油奶酪⋯20g   盐⋯1g

牛奶⋯155ml   抹茶粉⋯2g

做法

1 奶油奶酪隔热水软化。取一个小碗，倒入35ml牛奶、10g白砂糖、淡奶油、盐搅拌至开始出现纹路（注意不要打发），放入软化的奶油奶酪搅匀。台农芒果剥皮去核取果肉备用。

2 将茉莉绿茶茶包放入杯中，倒入热水冲泡2min，取出茶包。搅拌机中依次放入台农芒果果肉、茶水、120ml牛奶、10g白砂糖，搅打均匀后倒入杯中。

3 将步骤1中做好的奶盖一勺一勺舀在杯中的芒果茶上，表面撒抹茶粉装饰即可。

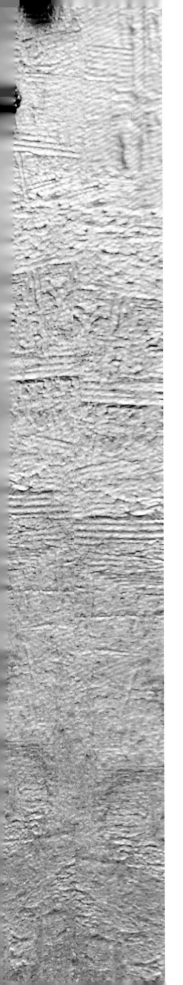

 # 桑葚思慕雪

准备时间	8h（含冷冻时间）
制作时间	5min

用料

桑葚…200g　　　　香蕉…1根　　　　　新鲜薄荷叶…5g

无花果…2个　　　　椰丝…10g　　　　　固体酸奶…100g

奇异果…2个　　　　炼乳…40g　　　　　冰块…200g

做法

1　将桑葚轻轻洗净（留几粒备用）；无花果洗净切小块（留半个）；奇异果去皮切小块（留半个）；香蕉去皮切片，一起放入冰箱冷冻8h至硬，可放入冰格中，方便后续操作。

2　将所有水果、酸奶、炼乳、冰块放入搅拌机中，搅打至细腻顺滑后装碗。

3　将剩余的奇异果切粒、无花果切瓣，铺在思慕雪表面，放上剩余的桑葚，点缀薄荷叶、椰丝即可。

 可根据个人口味加入即食麦片、奇亚籽（需提前泡水）或其他水果等一起搅打，冰块可不加。

玫瑰夫人咖啡

春

配方提供 mick2000

&

准备时间 10min

制作时间 5min

用料

曼宁咖啡粉…15g

沸水…150ml

鲜奶油…50g

白砂糖…20g

玫瑰糖浆…30ml

玫瑰花…1朵

咖啡滤纸

做法

1 沸水冲泡咖啡粉后，用滤纸过滤掉咖啡渣。调入玫瑰糖浆，可以根据自己的口味，喜欢甜一些的就再加点糖。

2 鲜奶油加白砂糖用打蛋器打发到体积膨胀，划出纹路不消失。

3 裱花袋里装上八齿裱花嘴，装入奶油，把奶油挤在咖啡上。

4 装饰上玫瑰花就可以享用了。

1 玫瑰夫人咖啡也称庞德咖啡，是法国非常流行的一款花式咖啡。浓郁的咖啡伴随着玫瑰香，令人心醉。

2 曼宁咖啡粉是指混合的咖啡粉，在这里你可以选用自己喜欢的咖啡粉。如果没有的话，也能用速溶咖啡替代。

3 鲜奶油的用量是有富余的，因为量太少不方便打发，所以打发鲜奶油的时候可以多倒一些。实际装饰时用量较少。

4 装饰的玫瑰花可以用干花蕾或者鲜花，鲜花的花瓣能与咖啡一起享用哦。

春 海盐奶盖绿茶

茶口清新，再配一点，输一股果即神 ⋯⋯ ⋯⋯⋯⋯⋯ 可甜甜也， 淡淡笑。

用料

绿茶…5g	牛奶…/5ml	抹茶粉…2g
白砂糖…30g	芝士粉…5g	冰块…6块
淡奶油…100g	海盐…1g	

准备时间 40min

制作时间 5min

做法

1 用85℃热水将绿茶沏开，静置3min后将茶叶滤除，茶水放凉后放入冰箱冷却30min。

2 把淡奶油、牛奶、海盐、白砂糖、芝士粉放入盆中，用电动打蛋器打发。

3 取出冰箱中的绿茶，放入冰块，挤入步骤2中做好的奶盖，撒上抹茶粉末即可。

桑葚酸奶饮

     👤

准备时间 1min

制作时间 5min

用料

桑葚…40g   果糖…10g

香草酸奶…100g   全脂牛奶…50ml

冰水…50ml

装饰

食用鲜花…3朵

做法

1　将30g桑葚和香草酸奶放入搅拌机中搅匀，盛入杯子中。

2　10g桑葚加冰水、果糖放入搅拌机中搅打均匀，用勺子顺着杯壁倒入，防止沉底。

3　用手动打泡器打发全脂牛奶制成奶泡，取3勺奶泡淋在做好的桑葚酸奶上，装饰食用鲜花即可。

饮品制作：肥丸子

　　　　　/拍摄

薄荷柠香茶

乍暖还寒时节，天气还没那么暖，但积攒了一冬天的燥气又待排出，来一杯温热的薄荷柠香茶吧，排去冬天的燥气，唤来春天的气息。

准备时间 2min

制作时间 5min

用料

茉莉花茶茶包…1个 　　　青柠…1/2个

鲜薄荷叶…2枝 　　　冰糖…1块（约5g）

做法

1 茶包用滚水冲泡出茶汁，加入冰糖和1枝鲜薄荷叶，放至温热。

2 青柠切片。

3 把茶壶中已经变色的薄荷叶捞出，放入青柠片和另外一枝薄荷叶，1min后即可饮用。

小麦草配椰肉

👥	

准备时间 2min

制作时间 5min

用料

小麦草…100g   椰果…适量

苹果…1个

做法

1 小麦草清洗干净，放入强力榨汁机，榨成小麦草汁。

2 纯净水约1000ml冲入小麦草汁当中，可以根据自己的口味来冲调。喜欢青草味口感的可以少冲一些水，反之则可以适当多冲点儿水。

3 如果还想有一些水果的香味，可以把苹果或者甜橙榨成果汁，用来兑小麦草汁，替代一部分纯净水。

4 如果想在饮料中增加一些口感，可以用椰果或者芦荟打底，会更有嚼头。

025

芹菜花椰苹果汁

👥👥👥👥

准备时间 5min

制作时间 4min

用料

花椰菜…1/4朵　　　冰水…500ml

西芹…150g　　　　蜂蜜…20g

苹果…1个

做法

1　西芹洗净、撕去粗筋，取菜秆部分切小丁；苹果洗净后去皮去核，切丁；花椰菜洗净后取其嫩茎。

2　将所有食材放入料理机中高速搅打5s，再慢速搅打3min至食材细碎成汁，过滤盛出，可依据个人口味添加蜂蜜。

蝶豆花星空饮

八

准备时间 5min

制作时间 5min

用料

蝶豆花···3~4朵   冰块···30g

红石榴糖浆···20ml   食用闪粉···0.1g

苏打水···400ml

做法

1 将蝶豆花浸泡在苏打水中，浸泡5min左右，直至蓝色汁水完全析出，沥出蝶豆花蓝水。

2 杯中先倒入红石榴糖浆，加入冰块，再倒入蝶豆花蓝水、食用闪粉，用搅拌棒按一定方向轻轻搅动就会出现分层、渐变和星空的样子了。

做法中的苏打水可以用饮用水替代，红石榴糖浆可以用柠檬汁或牛奶替代，还可以尝试下先倒入蝶豆花蓝水，再倒入柠檬汁或牛奶的渐变效果。如果想要层次更加分明可以试试多加些冰块，记得多搅动几下，就会呈现出星空效果了。

桑葚酒 🍸

ꞓꞓꞓꞓꞓ

准备时间 10min

制作时间 5min

用料

桑葚…500g   冰糖…80g   白酒…800ml

柠檬…1个   盐…2g

做法

1 挑选新鲜桑葚，轻轻洗净沥干备用。

2 用盐将柠檬表面搓洗干净后切成薄片备用。

3 将柠檬片、桑葚和冰糖交替放在玻璃罐中，倒入白酒浸泡，置于阴凉干燥处密封保存即可。

约半个月以后即可饮用，多放几个月口味更佳。

春日茶事

茶艺表演：诗雯
场地：茶味茶舍

诗雯 ————

茶味茶舍创始人，80后，热
爱中国传统文化的设计师，
从事茶行业8年，希望让更
多年轻人通过一盏茶"让生
活回归本味"。

"琴棋书画诗酒茶","柴米油盐酱醋茶",茶在中国人眼里早已经与日常生活密不可分。

中国是茶叶的原产地,茶叶最早是作为药材被发现和使用的,之后才逐渐被当作饮品饮用,风靡中国乃至世界。

绿茶,一直是中国人最常饮用的茶叶之一,属不发酵茶。清明、谷雨,这两个节气对于绿茶的采摘来说,是非常关键的,明前茶尤为珍贵,谷雨之后的茶叶基本上就卖不上什么好价钱了。杀青是绿茶制作工艺中最为关键的一步,杀青的方式主要有两种——蒸青和炒青,后一种是现在大多数名优绿茶的制茶方法。炒热杀青的绿茶根据干燥方式的不同,又可细分为晒青、烘青和炒青。其中云南大叶种所制的滇青属于晒青制法;黄山毛峰、太平猴魁、六安瓜片等属于烘青制法;西湖龙井、洞庭碧螺春等则属于炒青制法。茶叶经过热水冲泡后会有伸展沉浮的现象称之为"茶舞",用白瓷杯或玻璃杯盛茶,不仅便于观赏到绿茶的茶形和茶汤颜色,更可以欣赏茶舞。

白茶,属轻微发酵茶,萎凋是白茶制作工艺中的关键步骤,著名的白毫银针、白牡丹以及贡眉等,皆属此列。白茶在冲泡时最需要注意的,就是要保证快速出汤,如此方能品味其美妙滋味。其中白毫银针是白茶中等级最高的,几泡间,茶汤的颜色区别并不是太大,细辨则有素白、银白等之分,茶汤明澈透亮,回甘无穷。白茶储存的时间越长,其价值越高,历来有"一年茶,三年药,七年宝"的说法。

绿茶品质越高,杂质越少,故并不提倡洗茶,直接冲泡饮用最好。有些人喝茶时,一开始就喜欢用闷泡,但通常喝绿茶时不会使用闷泡的方式,因为闷泡后的茶不仅味道变得苦涩还会使茶叶变得不耐泡。若茶味已淡,闷泡则会使茶味变得相对浓一些。而在专业品鉴茶叶时,会选择闷泡的方式,它能直观鉴别茶叶质量的好坏。而白茶比较特别,经过长时间的闷泡,其口感会更加醇厚,因此白茶也被称为"旅行茶"。另外白茶经过煮制后口感会偏甜少苦涩,故很多人偏好饮用煮制后的白茶。

《黄山谷集》载有:"品茶,一人得神,二人得趣,三人得味。"世间的美好与珍惜,因为刚好在适当的时间与契合的人一起,方可成就这份美好。

人间三月,桃李纷飞,趁着春光正好,不妨和喜欢的人去赏花喝茶,笑倚春风,一起趣味人间吧。

白茶 / 白牡丹

1 用茶针从茶则中拨出6g白牡丹至盖碗中。

2 将沸水以环壁注水的方式注入盖碗中，再以"Z"字形将水均匀淋在叶片上，水注至八分满。

3 前四泡快速出汤，即注入开水后立即盖上盖子将茶汤倒入公道杯中，时间最好控制在5s内。

4 由公道杯将茶水注入茶杯中，约七分满。

5 泡制后的茶叶叶底黄绿舒展，茶汤带有木香、药香，口感丰盈。

6 白牡丹的茶汤多橙黄鲜亮，而白毫银针的茶汤多浅黄明亮。

在四泡之后可以适当延长泡制的时间，也可以采用焖煮的方式获得更多茶味。

绿茶 / **西湖龙井**

1　用茶针从茶则中拨出6g西湖龙井至玻璃碗中。

2　将80~85℃的开水用"凤凰三点头"手法，高冲低斟冲入玻璃碗中至八分满。

3　静待20~60s至茶叶舒展，茶汤入味。

4　用茶勺舀取适量已泡好的茶汤。

5　将茶汤注入玻璃杯中（约七分满），供客人品饮。

一般情况下，绿茶的冲泡需要注意三点：

◊　水温，名优绿茶水温不宜超过85℃，最好在80~85℃为宜。

◊　投茶量，一般茶叶和水的比例遵循1∶50，即1g的干茶注入50ml的水。

◊　冲泡时间，当开水注入后待叶片慢慢舒展，香气漫出即可品饮。

花开好入茶

花草茶可算是茶饮里最具情怀的了，不论是玫瑰花茶，还是茉莉花茶，无非都是为了掀开杯盖时那迷人的花香，有如置身怡人的花园中。

在崇尚天然的今天，花草茶已成为人们"回归自然、享受健康"的佳选，它是一种不含咖啡因、茶碱的天然草本饮品，同时也是一种纯净自然的生活方式。自古就有"上品饮茶，极品饮花"之说。以花代茶饮用的方法，相传来源于古代宫廷贵人的美容习惯。

花草茶温和不刺激的特性，使其非常适合作为日常饮品。除了有益身心外，有些花草茶中富含抗氧化成分，具有滋养肌肤的功效，经常饮用可使你容光焕发、神清气爽；有些花草茶则具有利尿、发汗、促进新陈代谢等功能，可说是天然的美体良方。

花草茶相较于茶，它的组成更具变化，单品饮能享受独特的味道，而复合饮则口味丰富。复合花草茶通常是为了调和味道以宜饮用或达到某种疗效，所以内容物的口味互补或保健特性类似，包括复合花草、复合花果、复合花果与茶叶（又称为加味茶）等组合形式，而复合花草茶商品则由配方者赋予了浪漫的名称。

6 款复合花草茶

午后醒沁

桂花干品10g
+
玫瑰花干品10g
+
甜菊叶干品10g
+
红茶包一个（或红茶10g）
+
开水600ml

香草瘦腿茶

迷迭香干品5g
+
柠檬草干品15g
+
柠檬马鞭草10g
+
开水400ml

轻体减脂茶

山楂10g
+
决明子20g
+
大麦15g
+
陈皮5g
+
开水300ml

助眠茶

薰衣草干品5g
+
洋甘菊干品5g
+
开水300ml

再见痘痘茶

金盏花5g
+
洛神花2枚
+
玫瑰花苞8朵
+
开水400ml

润燥美容茶

南杏仁15g
+
桂花10g
+
开水300ml

6 种常见花草茶的功效

桂花
×
止咳化痰
养阴润肺

金银花
×
清热解毒
预防感冒

玫瑰花
×
活血化瘀
解郁疏肝

菊花
×
清肝明目
疏散风热

洛神花
×
驻颜抗衰
保护肌肤

金莲花
×
利咽润燥
清热解毒

**饮用花草茶的
注意事项**！

在饮用花草茶的选择上，一定要遵循"对症下药"的准则，饮用前最
好了解一下相应的功效。如红花具有活血化瘀的作用，若用法不当，
易造成经血不止或心脑血管疾病，孕妇更不可饮用；人们常饮的菊花
茶，虽然具有清热解毒作用，但对中医所指的阳虚体质就不太合适；
玫瑰花具有活血化瘀之功效，但对中医所指的血瘀症就不太适用。

几乎所有的花草茶，都不能长期大量随意饮用，应根据个人的具体情
况科学选择。另外，花草茶宜现泡现饮，不宜喝隔夜茶。

夏。

夏虫不可语冰，夏日不能无冰。

炎炎夏日，除了冰，还有什么更能安抚你夏日烦躁的心情？一杯冰饮，"咕咚咕咚"大口饮下，满口沁凉，身心通透。

从汽水到莫吉托，从冰沙到思慕雪，冰在夏日饮品中，扮演着不可替代的角色。没有冰镇过的汽水是没有灵魂的，如果自己制作汽水，尽可以多放一些冰块，喝起来会更过瘾；制作莫吉托则需要加一些碎冰，不加冰的莫吉托，简直就是一杯常温苏打水；冰沙就更不用说了，如果无冰，就没有冰沙这种饮品，想要做出口感冰爽绵密，像冰淇淋一样质地的思慕雪，那么所用到的水果可以提前放进冰箱冷冻一夜，做好之后加上碎冰点缀，不仅外观更好看，吃起来也更冰爽可口。

夏日，西瓜、桃子、牛油果、火龙果、树莓、芒果、菠萝等各种水果蜂拥而至，不仅汁多味美、清爽解渴，还可以很好地为我们的身体补充水分，以及各种维生素、矿物质。我们可以将这些水果做成各种口味的苏打水、冰沙，还可以做成更健康的饮品——思慕雪。

一杯搭配合理、口感清爽、拥有足足饱腹感的思慕雪，通常由新鲜水果、蔬菜、奶制品等组成，甚至可以替代一餐的能量。思慕雪是用料理机搅打混合而成的健康饮品，比奶昔的热量少很多，比果汁多了很多的膳食纤维和营养。选上几种你爱的果蔬，让冰冰凉凉的夏日感从口中蔓延到全身，搭配缤纷的色彩妙想，一起"思慕雪"吧！

青柠薄荷莫吉托

👤

准备时间 1min

制作时间 2min

用料

新鲜薄荷…1枝　　　糖浆…20ml　　　碎冰…30g

青柠…1个　　　　　苏打水…350ml

做法

1 将青柠洗净，切角备用。

2 杯中放入青柠角、薄荷，用捣锤或者擀面杖将其捣烂让汁水渗出，再加入糖浆和碎冰，最后倒入苏打水搅匀即可。

1 苏打水冷藏后倒入瓶中，风味更佳；另外可以用雪碧代替苏打水，也很好喝。

2 将冻好的冰块放入密封袋，用擀面杖或者刀背将其敲碎即成碎冰。

清凉冬瓜茶

🧍🧍🧍🧍🧍

准备时间 2h（含静置时间）

制作时间 30min

用料

冬瓜…300g

红糖…100g

做法

1 将冬瓜去皮、去瓤后洗净切块，放入盆中加入红糖，搅拌均匀，静置2h待冬瓜慢慢析出汁水。

2 将盆中的冬瓜和红糖连同汁水一起倒入不粘锅中大火煮开，转小火慢炖，待冬瓜体积缩小，变透明即可关火。

3 准备耐高温的容器，将冬瓜过滤留汁，饮用时可按照自己喜欢的浓度，取适量冬瓜汁加开水冲泡饮用，夏季冷藏后风味更佳。

夏 酸梅汤

准备时间 60min

制作时间 40min

制作酸梅汤的配料大同小异，基本有乌梅、甘草、山楂，也可加入洛神花、薄荷、桑葚等，可以根据个人喜好搭配。熬好后再适量加入冰糖或红糖，冰镇后饮用更佳。

用料

乌梅干…50g   洛神花…5g   冰糖…80g

山楂干…30g   陈皮…5g   干桂花…5g

甘草…5g

做法

1 乌梅干、山楂干、陈皮、甘草、洛神花冲洗后，倒入1000ml水中浸泡1h。

2 将浸泡好的配料连同水一起倒入砂锅中，再适量加入200~300ml水，大火煮开后转小火慢煮30min左右。

3 加入冰糖、干桂花煮10min关火。待酸梅汤冷却后用滤网或纱布过滤，夏日饮用时可加入适量冰块。

夏 西瓜冰沙 🍸

පපපපප

准备时间 5min

制作时间 4h 以上（含冷冻时间）

用料

西瓜…1400g   朗姆酒…20ml

红石榴糖浆…100ml   红葡萄酒…100ml

做法

1 准备好食材。

2 用牙签挑去西瓜的籽。

3 去皮切成小块。

4 将西瓜块放入料理机中，加入红石榴糖浆、朗姆酒，打成西瓜汁。

5 用勺子撇去表面泡沫。

6 倒入长方形容器中，送入冷冻室冻4h以上，取出用叉子刮出冰沙装入杯中，倒入红葡萄酒即可。

 制作冰沙时，放入调味的糖浆和糖的用量取决于水果本身的甜度和个人口味，可在此基础上自行调整用量。冷冻的时间根据果汁倒入容器的厚度和冰箱的制冷效果调整，果汁都冻透即可。

☀夏 芒果菠萝冰沙

8888888

准备时间 10min

制作时间 4h 以上（含冷冻时间）

用料

芒果…3个   柠檬…1/2个

小菠萝…1个   糖…20g

橙汁…200ml

1

2

3

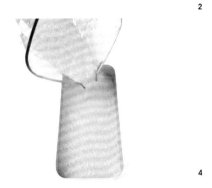

4

做法

1 准备好食材。

2 用玻璃杯取下芒果肉，切成块，小菠萝去皮切块。

3 将芒果块和菠萝块倒入料理机中，挤入半个柠檬的汁，倒入橙汁和糖，搅打成奶昔状。

4 倒入长方形容器中，送入冰箱冷冻4h以上，取出用叉子刮出冰沙即可。

☀夏 芒果菠萝酸奶杯

👥👥

准备时间 1min

制作时间 5min

用料

酸奶…100g 　　　牛奶冰沙…10g

芒果菠萝冰沙…60g 　迷迭香…2枝

芒果粒…30g

做法

准备两个玻璃杯，将冰沙和酸奶一层一层交替放入杯中，最上层堆满芒果菠萝冰沙，再撒上芒果粒和牛奶冰沙点缀，插入迷迭香即可。

水果燕麦酸奶杯

准备时间 2min

制作时间 15min

用料

老酸奶…400g

奇异果…1个

哈密瓜…20g

草莓…2颗

樱桃…2颗

树莓…10g

蓝莓…10g

开心果碎…20g

格兰诺拉麦片（即食
麦片）…30g

薄荷叶…2片

做法

1 将奇异果、哈密瓜去皮切小粒，草莓切片；老酸奶从冰箱拿出
  后搅拌一下备用。

2 取一只杯子，先倒入一层老酸奶，然后放上奇异果粒；再倒入
  一层老酸奶，放上哈密瓜粒。

3 倒入剩余的老酸奶，然后放上格兰诺拉麦片、草莓片、树莓、
  蓝莓、樱桃、开心果碎、薄荷叶即可。

在家自制老酸奶

准备时间 5min

制作时间 10h（含发酵时间）

用料

老酸奶菌…1g（发酵剂）

纯牛奶…900ml

白糖…适量

做法

1 用开水将酸奶机内胆冲烫清洁后倒入纯牛奶（推荐用开水将用
  具烫15min）。

2 取1g发酵剂（若是冷藏保存需常温放置约15min）和适量白糖
  加入到纯牛奶中，再搅拌至少半分钟至混合均匀。

3 将内胆放入酸奶机中，恒温［恒定温度为（42±1）℃］发酵
  6~10h，过短则发酵不完全，过长则会有大量乳清析出，且酸
  味过重，口感欠佳。

4 做好的酸奶可立即食用，也可放入冰箱冷藏后食用，风味更佳；
  可以根据个人喜好加入蜂蜜、果酱等调味。

夏

红心火龙果思慕雪

用料

红心火龙果…1/2个（去皮）

酸奶…30ml

芒果…100g（去皮）

蓝莓…3颗（装饰）

木瓜思慕雪

用料

木瓜…1个（约300g，去籽取果肉）

香蕉…100g

红提…1颗（装饰）

薄荷叶…1片（装饰）

羽衣甘蓝思慕雪

用料

羽衣甘蓝…150g（去茎秆）

树莓…200g（装饰）

酸奶…50ml

血橙思慕雪

用料

血橙…100g

西柚…100g

草莓…50g

薄荷叶…1片（装饰）

胡萝卜思慕雪

用料

胡萝卜…150g

黄瓜…100g

奇异果…50g

奇亚籽…10g（泡水后与蜂蜜混合）

蜂蜜…5ml

1 思慕雪的做法很简单，将喜欢的果蔬洗净去皮切块，依次放入料理机中，低速搅打至质地浓稠即可。做好后最好尽快饮用，避免营养流失。

2 用到的水果可以提前放进冰箱冷冻一夜，做出的思慕雪口感会更加冰爽绵密，像冰淇淋的质地。

3 如果希望质地更绵稠一些，可以加入香蕉或者牛油果，就可以得到奶油般的口感。

4 如果喜欢在杯壁上装饰水果片，可以尽量切得薄一些，这样会贴合得更牢。

5 新鲜香草、冰块冰沙、莓子、坚果、可可粉、肉桂粉、椰蓉等，都是很好的点缀搭配。

☀夏 青提冰沙 🍸

👤👤👤👤👤👤

准备时间 2min

制作时间 4h 以上（含冷冻时间）

用料

青提…1000g　　　　糖…30g

白葡萄酒…80ml　　　鲜薄荷叶…1枝

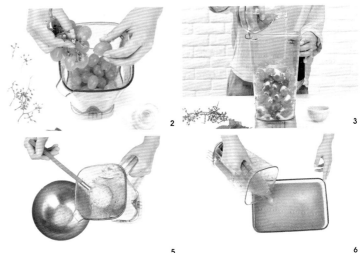

1

2

3

4

5

6

做法

1　准备好食材。

2　青提洗净，摘下放入料理机中。

3　加入糖和白葡萄酒。

4　再放入薄荷叶打成果汁。

5　用勺子撇去表面泡沫。

6　倒入长方形容器中，送入冰箱冷冻4h以上，取出用叉子刮出冰沙即可。

 # 青青梅子酒

夏

配方提供 山下空也

八八八八八八

准备时间 2h

制作时间 15min

用料

新鲜青梅…1000g   九江双蒸酒…1000ml

冰糖…500g   盐…20g

做法

1 将盛装青梅酒的容器彻底洗净后晾干待用。

2 用少许盐水将青梅洗净后，用流水冲洗片刻，再用清水浸泡青梅2h左右，以去除涩味。

3 将洗好的青梅自然阴干水分，或用厨房纸擦干。表面不能有任何水分残留，这是成功的关键。

4 用牙签把青梅的蒂去除，防止酒变涩。然后在青梅表面扎一些孔，便于让青梅的汁液流出。

5 以一层青梅一层冰糖的顺序放入洗净的容器内，最后倒入白酒，盖上盖子密封，放在阴凉避光处3个月后即可饮用，建议放置1年后饮用风味更佳。

> 如果不喜欢梅子变得皱巴巴的，可以将冰糖分三次加入，每次加入冰糖等到融化后再加入下一次的，直到所需的冰糖用完，即可获得圆润的酒梅子。

☀夏 柠檬薄荷苏打

👤

准备时间 3min

制作时间 10min

用料

柠檬⋯1个　　　　白砂糖⋯25g　　　　薄荷叶⋯5片

黄瓜⋯4片　　　　水⋯20ml　　　　　冰苏打水⋯200ml

香茅⋯1/3根

做法

1 奶锅中倒入白砂糖和水，混合加热至白砂糖溶化，制成糖浆晾凉备用。取半个柠檬切片，半个切角，香茅切圈。

2 将香茅圈、柠檬片、3片黄瓜片与薄荷叶一起捣出汁水后滤渣，与步骤1中的糖浆混合成柠檬糖浆。

3 杯中放入切角的柠檬和1片黄瓜片，倒入做好的柠檬糖浆和冰苏打水搅匀即可。

饮品制作：肥丸子

清新苏打水

微甘多汁的黄瓜，散发着清新的气息，与冰块交融，为酷暑难耐的夏日带来浸透身心的凉爽感觉。

準备时间 2min

制作时间 15min

用料

黄瓜…1/2根　　　　草莓…2颗　　　　苏打水…550ml

柠檬…1/2个　　　　薄荷叶…10g

做法

1　将黄瓜、柠檬、草莓清洗干净，黄瓜、柠檬切薄片，草莓对半切开。

2　将黄瓜片、柠檬片、草莓块、薄荷叶一起放入一个大罐中，倒入苏打水，加适量冰块置于冰箱冷藏10min即可饮用。

☀夏 雪碧青瓜饮

👤👤👤

准备时间 2min

制作时间 10min

用料

黄瓜…2根   冰块…适量

雪碧…700ml

做法

1 将黄瓜洗净，其中一根黄瓜去瓤，加入30ml水榨汁后过滤。将
   另一根黄瓜切薄片备用。

2 将冰块打成冰沙，注入青瓜汁，依口味调入雪碧，稍作搅拌后
   点缀一些黄瓜片即可。

樱桃苏打冰

👤👤👤

准备时间 20min

制作时间 5min

用料

樱桃汁…50ml

汽水（如雪碧）…200ml

柠檬…1/4个

苏打水…250ml

樱桃…5个

薄荷叶…2片

冰块…适量

做法

1 樱桃剖成两半，去核，切成小块。柠檬同样切成小块。

2 杯中装冰块，倒入苏打水、樱桃汁、汽水、切块的樱桃和柠檬，装饰上薄荷叶即可。

清新彩果饮

夏 ☀

👥👥

准备时间 2min

制作时间 1min

用料

草莓⋯100g   苹果⋯10g

蓝莓⋯40g   苏打水⋯500ml

做法

1 草莓清洗去蒂切薄片待用。

2 苹果切片，用模具切出喜欢的形状。

3 杯中置入草莓片后，铺上蓝莓，注
   入苏打水，最后点缀上苹果片即可。

应季的水果在苏打水中
稍浸泡几分钟，可激发
清新口感。

肉桂无花果奶昔

夏

柔滑的思慕雪混合无花果的颗粒感，在美味的基础上口感加分。

👤

准备时间 3min

制作时间 3min

用料

椰奶…250ml   冻香蕉…1根

无花果干…7粒   肉桂粉…3g

做法

1　将冻香蕉切段，无花果干切碎。

2　所有食材放入食品料理机，充分搅打均匀即可。

☀夏 菠萝百香果啫喱

ጸጸጸጸ

准备时间 5min

制作时间 6h（含冷藏时间）

用料

百香果…6个　　　　柠檬…1/2个　　　　鱼胶粉…10g

菠萝…1/2个　　　　白砂糖…200g　　　柠檬叶…4片

橙子…1个

做法

1 百香果取出果肉和果汁，橙子和柠檬榨汁，混合百香果果汁、橙汁和柠檬汁，过滤后放入锅中煮，加半杯水和100g白砂糖，大火加热至糖溶化，烧开后离火。

2 鱼胶粉放入小碗中，隔水加热至融化，把融化的鱼胶粉加入果汁中搅拌均匀。分装入杯中，盖上保鲜膜入冰箱冷藏4h。

3 锅中加入剩余的白砂糖和半杯水，大火加热至糖溶化，加入柠檬叶烧开，开盖小火烧5min，加入菠萝片继续煮3min，熄火晾凉后冷藏。

4 把菠萝糖浆淋在果冻上，可用菠萝片、柠檬叶装饰即可。

 夏 # 夏日特供果醋

ᗑᗑᗑᗑᗑᗑᗑᗑᗑ

准备时间 15min

制作时间 15min

用料

成熟的桃子…2500g

白葡萄酒醋…400ml

蜂蜜…200ml

做法

1 选择比较成熟的桃子，稍稍有些熟过头或是已经放置了几天也没有关系，这样的桃子做出来的果汁香气更浓。

2 把桃子清洗干净，去核，切成块。把桃子块放入干净的大煮锅中，再倒入白葡萄酒醋和蜂蜜，用小火慢慢加热，不时搅拌一下，加热15min。关火，加盖，让它慢慢放凉。

3 待桃子块完全放凉后，把它们分批盛入搅拌机中搅打10s，直至打成均匀的桃浆。

4 用干净的纱布或筛网将桃浆过滤，把滤出的果汁盛入可密封的大玻璃碗中。可以反复过滤几次，这样滤出的果汁更加清澈透亮。把玻璃碗密封好，放进冰箱冷藏1~2天即可。

 如果在冷藏后仍发现玻璃碗底部有果肉沉淀，可以把上面清澈的果汁小心地倒入其他干净的容器中，再将底部有沉淀的果汁继续过滤一下。可以把做好的桃子醋灌入密封玻璃瓶或玻璃罐中。这种果醋放入冰箱冷藏，可以保存10天。用它来拌水果沙拉或是兑入冰水直接饮用，都非常完美！

自制姜汁汽水

这是一款简单易做的家庭自制饮料。做好的姜汁糖浆可以冷藏起来，随取随用，酸甜滋味之外还有一丝微辣和薄荷清香。气泡水也可以用原味苏打水代替。

准备时间 5min

制作时间 35min

用料

嫩姜…200g

水…600ml

糖…150g

气泡水…适量

青柠…2个

薄荷叶…适量

冰块…适量

做法

1 将嫩姜洗净，切成小块，用榨汁机榨出姜汁并过滤备用。

2 往600ml水中兑入姜汁和糖，小火煮开至糖完全溶化，制成姜汁糖浆，晾凉后冷藏备用。

3 1个青柠切开，榨汁备用，另一个切成角。

4 将青柠汁、姜汁糖浆和气泡水按照约1：2：3的比例混合，并加入青柠角、薄荷叶及冰块即可饮用。

牛油果昔

香蕉含丰富的钾，对心脏好。牛油果像橄榄一样，含有很高的良性脂肪，对心脏和皮肤都非常好。两个完美的水果碰撞出一杯健康美味的饮品。

🙎🙎

准备时间 3min

制作时间 2min

用料

牛油果…1个

香蕉…1根

牛奶…300ml

做法

1 牛油果对半剖开，去核和果皮，切小块。香蕉去皮，切小块。

2 牛油果、香蕉和牛奶全部倒入料理机中，搅打均匀，倒入一只漂亮的杯子里即可。

奇异果莫吉托
夏

88

准备时间 5min

制作时间 10min

用料

奇异果…1个　　　青柠汁…30ml　　　苏打水…200ml

新鲜薄荷…1枝　　青柠檬…1片　　　冰块…适量

白砂糖…15g　　　朗姆酒…30ml

做法

1 奇异果削去外皮，切成小块，放入搅拌机中搅打成细腻的果泥。

2 薄荷叶取下嫩尖，其余部分与白砂糖一起捣碎。

3 取一只海波杯，加入薄荷碎和青柠汁，再加入冰块和朗姆酒，最后倒入苏打水和奇异果泥。杯中放入薄荷叶尖，杯口用柠檬片装饰即可。

夏

风味桃子茶

👥👥👥 | 准备时间 5min | 制作时间 50min

用料

桃子…3个

糖　适量

红茶…8g

做法

1　桃子去核切片。

2　取600ml水煮沸后，投入桃片，转中小火熬制10min，期间不时用勺子挤压桃片，随即静置30min至凉。

3　煮桃片的同时，取沸水200ml泡红茶，放凉。

4　用滤网将桃汁过滤，将红茶倒入，依口味加糖调味。

冷沁蜜桃玫瑰花果茶

准备时间 2min

制作时间 12h（含冷藏时间）

用料

洛神花茶…30ml   玫瑰花茶…5g

水果茶…30g   沁桃水…600ml

冻干柠檬片…2片

做法

1 洛神花茶、水果茶、冻干柠檬片、玫瑰花茶放入有盖的容器中。

2 随后加入沁桃水，加盖密封好，再用力摇匀。

3 最后放入冰箱中冷藏12h即可饮用。

抹茶酸奶燕麦

☀夏

👥👥

准备时间 2min

制作时间 15min

用料

即食燕麦片…150g　　　　　蜂蜜…30ml

酸奶…300ml　　　　　　　　蓝莓…适量

抹茶粉…30g

做法

1　即食燕麦片倒入碗中，再加入酸奶混合均匀，浸泡10min。

2　随后用筛网在酸奶表面筛上抹茶粉。

3　最后淋入蜂蜜，用蓝莓装饰即可。

 夏 ☼

草莓荔枝果冻杯

ﾠﾠﾠﾠﾠ

👥👥

准备时间 3min

....

制作时间 30min（含冷冻时间）

用料

草莓…10颗　　　　　　吉利丁片…2片

荔枝…10粒

做法

1　草莓去蒂洗净，其中8颗榨成草莓汁，2颗切成果粒；荔枝剥壳去核，榨成果汁，备用。

2　吉利丁片用凉水泡软后，放入小奶锅中，加50ml水小火加热溶化，一半倒入草莓汁中搅拌均匀，一半倒入荔枝汁中搅拌均匀。

3　取两个漂亮的玻璃容器，各倒入一半荔枝汁，放入冰箱冷冻约10min至凝固后，再各倒入一半草莓汁，放上草莓果粒，冷冻10min至凝固后取出即可。

莓果冻酸奶

የየየየ

准备时间 3min

制作时间 3h（含冷冻时间）

用料

原味酸奶…500ml

鲜奶油…250ml

白砂糖…15g

草莓…200g

树莓…100g

做法

1 鲜奶油与白砂糖混合放入大碗中打发，打发到奶油比较浓稠且表面出现纹路时就可以了。

2 加入原味酸奶、草莓、树莓，搅拌均匀，倒入一个方盒中。

3 将方盒移入冰箱冷冻室，冷冻至半凝固状态后取出，用勺子将草莓和树莓捣成小块并搅拌均匀，然后再次放入冰箱冷冻，使之进一步凝固。

4 待酸奶全部冻实后就可以取出食用了。

蜂蜜生姜甜冰茶

👤

准备时间 5min

制作时间 15min

用料

绿茶茶包…1个

蜂蜜…25ml

磨碎的新鲜生姜…15ml

柠檬片…若干

水…500ml

做法

1　把150ml水倒入锅中烧开，添加茶包煮沸1min。离火冷却10min。

2　取出茶包，拌入蜂蜜和生姜碎。

3　倒入大的容器中，加入剩余的350ml冷水以及柠檬片即可。

夏 百香果饮

👥👥

准备时间 2min

制作时间 10min

用料

百香果…2个

黄冰糖…60g

鲜薄荷叶…1小把

做法

1 开水500ml倒入杯中，加入冰糖，稍加搅拌，放置冷却至60℃
   左右。
2 薄荷叶冲洗干净，沥干水分，摘下叶片，放入糖浆中。
3 百香果对半切开，用勺子将百香果籽和汁水一起舀进糖浆中。
4 用搅棒搅拌均匀，喝的时候分装到杯子中就可以啦！

 如果不喜欢薄荷的味道可以不放，如果想要薄荷的味道浓郁
一些，可以把叶片撕碎。

果香西瓜皮凉茶

用料

西瓜皮…150g

蔓越莓干…30g

蜂蜜…15~30ml

做法

1 把西瓜皮里面余下的红瓤去除干净，
  再把最外面的绿皮去掉。把西瓜皮切
  成小块或小条，放入干净的小锅中。

2 锅中加入足量的水加热，水烧开后转
  小火继续加热5min关火。

3 水中放入蔓越莓干，待水变得稍凉
  后，调入蜂蜜即可饮用。

西瓜芒果冰沙

用料

西瓜瓤…300g   冰块…若干

芒果…1/2个   酸奶…少许

做法

1 事先用纯净水冻一些冰块。把冰块放
  入食品加工机微微打碎，再放入西瓜
  瓤一起搅打一下。

2 把打好的西瓜冰沙盛入玻璃杯中，上
  面点缀酸奶，再将切好的芒果小块撒
  在上面即可。

黄桃莫吉托

莫吉托，是一款酒精浓度低、口感微酸并伴随薄荷清凉的鸡尾酒。它真正的起源非常之久远，以至于无法考证，被人知晓是在古巴革命时期。这款原本在清晨饮用的调味酒被美国人赋予新生命，加入青柠、薄荷后口味更清爽独特，风靡全世界。

准备时间 2min

制作时间 5min

用料

黄桃…1/2个　　　　　苏打水…200ml

薄荷叶…1小把　　　　白朗姆酒…50ml

浓缩桃汁…50ml　　　 冰块…适量

蔓越莓糖浆…30ml　　 柠檬…1角

做法

1　黄桃切瓣备用。

2　在玻璃杯中放入薄荷叶捣碎，加入白朗姆酒与蔓越莓糖浆。

3　倒入冰块，依次加入浓缩桃汁、苏打水。

4　加入1~2瓣黄桃，最后用薄荷叶和柠檬角装饰即可。

四季饮约
拓展

新鲜食

莓果 / 牛油果

莓果

红色的小浆果如宝石般闪耀在绿叶间，七月到了。树莓、蓝莓、枸杞子、桑葚……这些小而风味浓郁的果实，是夏季的恩物。

流行音乐领域鼎鼎大名的小红莓乐队（Cranberries），严格地说，应该翻译成蔓越莓乐队，而小红莓的名头则应该属于餐桌上的美味果实——树莓（Raspberry）。

翻开任何一本欧洲美食书，都能发现树莓的身影，色彩艳红、形体小巧，尝起来又糯又甜，恰到好处的酸味回味无穷，更有人另辟蹊径地爱上了它藏于深处的细小种子，在咀嚼到最后的时候，带来细微的爆裂感。

在莓果界，如果说有谁能和树莓匹敌，那只能是蓝莓了，作为"超级食物"的代表品种，蓝莓以其强大的抗氧化功效而广受欢迎，甚至在某种程度上已成为一种时尚象征。个头大的蓝莓通常更好。虽然品种个头存在差异，比如公爵蓝莓天生大个儿，但同期上市的品种基本也会一致，个头大的代表等级更高。

根据品种和种植环境的不同，从初夏的时候，就陆续有新鲜采摘的蓝莓供应了。一颗完美的蓝莓，表皮细滑，带着均匀的白色霜粉，轻轻嗑开，甜美的汁液便会混着氤氲于鼻间的果香，一同蔓延开来的还有果肉所带来的弹爽口感，很难让人想象它来自一枚小小的浆果。蓝莓表层的白色霜粉，是天然析出而成，保持得越完整，说明它越新鲜，采摘时越被妥帖对待。

比起树莓和蓝莓，枸杞子和桑葚则带着浓重的东方色彩，巧合的是，它们都具备药食两用的特效，既可入馔，又可入药，还时不时地"网红"一把，比如保温杯泡枸杞之风，已然成为中年人自嘲自黑的好用梗。

不过，泡枸杞子并不是营养学家推荐的方式，开水很难充分析出干果中的营养成分，而维生素和花青素怕热，胡萝卜素又不溶于水，不如扔几粒到嘴里干嚼可能更好，或者赶在夏天的收获季节，用鲜枸杞做几道创意料理，烤面包、做甜品都可以，大多数经典配方的果汁，更是可以随便扔几粒枸杞子进去，丰富口味，增加营养。

枸杞子四季供应，但桑葚却是典型的初夏风物，由于果实过于娇嫩，储运不便，只在很短的一段时间内能够买到这些紫黑色的浆果，咬一粒，柔嫩清甜的滋味散开，吃完一看，牙齿和嘴唇都被染得黑黑的，令人不禁失笑，这就是记忆中童年的味道啊。

牛油果

　　牛油果是一种十分特别的水果，外形如梨，粗糙的表面又像鳄鱼皮，黄绿色的果肉质地丰腴，口感像牛油和乳酪一般细腻绵密。因此被称为牛油果，又叫做"鳄梨"或"酪梨"。

　　每100g牛油果中所含热量为161千卡，富含不饱和脂肪酸、各类维生素等，属于低热量高营养的食材，被称为"森林中的黄油"，也是网红的"超级食物"之一。越接近表皮部分的果肉越绿，而这里才是营养价值最高的部分。

　　牛油果起源于墨西哥和中美洲，后来在美国的加利福尼亚大量种植。现在牛油果在墨西哥、危地马拉、美国南部等地区栽培较多，我国也有部分地区有种植。现在除了牛油果果实被广泛食用，还有牛油果油、牛油果泥、牛油果粉等产品。牛油果核可以水培出芽后盆栽种植，在温度和水分适宜的环境下是能够长成一棵牛油果小树的，所以下次留着吃剩的果核吧，在阳台上先水培实验下，成活与否还是要亲自试过才知道。

　　"不管怎么说，鳄梨的问题就在于无论是端详还是触摸，从外观上都弄不明白它究竟是能吃了，还是不能吃。"村上春树在文章中写过难以判断牛油果的成熟度。牛油果是后熟的水果，就是说从树上采摘下来的时候还是没有成熟的果实，外皮呈绿色、触感较硬，买回后在室温下放置3~4天，熟成前不要冷藏，直至外皮变成紫黑色，用手稍稍按压较软即可。还可以把牛油果和苹果、香蕉一起放入纸袋中，能够催熟。成熟后的牛油果可以放入冰箱保存7~10天。牛油果切开后十分容易氧化变黑或出现褐色黑点，可以滴上柠檬汁减少变色，或是在最后时刻再切开加入到菜品中。低卡又健康的牛油果最常见的吃法是直接生食、搭配沙拉、制成果昔或是浓稠果酱。日本人会将牛油果切片后蘸酱油，作为牛油果刺身食用。牛油果肉本身没有什么味道，所以加上些海盐或是蜂蜜和果醋调个味道，吃起来就不会觉得很腻了。很多人会把牛油果打成泥涂在吐司上做早餐、配意面，在果泥里加入薄荷或罗勒，会别有夏日香草的清新。牛油果和鸡蛋也十分搭配，做烘焙的时候也可以试试把黄油换成牛油果，只不过颜色会变成淡淡的牛油果绿。

其他水果

菠萝：热带水果之一，与芒果、绿茶一起加上冰水，放进冰箱冷藏，可以做成美味的冷泡茶。

芒果：海南人在吃芒果时，喜欢佐以辣椒盐，相较于这种"奇葩"的吃法，芒果奶昔、芒果班戟则更易为大多数人接受。

西瓜：没有西瓜的夏天是不完整的夏天。直接吃已经很美味，与哈密瓜一起兑上冰水，拌以蜂蜜，滋味更佳。

木瓜：被誉为"水果之皇"，可以和苹果、西瓜等水果一起，组成美味的饮品。但木瓜和牛奶的组合，香甜醇厚，无疑是永不落伍的经典款。

水蜜桃：桃肉本身鲜嫩多汁，口感香甜，而从桃汁、桃仁到桃脯，或者是跟桃子相关的糕点、饮品，味道也不会叫人失望。

葡萄：做法多样，葡萄干、葡萄酒、葡萄汁，样样皆宜。新鲜葡萄冷冻后，口感类似于果冻，简单又美味。

苹果：常见的水果之一，可搭配红酒再佐以丁香和桂皮，一起炖煮。苹果的果香，红酒的酒香，混合着丁香和桂皮的辛香，带来全新味蕾享受。

奇异果：有人形容奇异果的味道是草莓、香蕉、菠萝三者的结合，无论是做成沙拉、果饮还是饼干，对于味蕾来说，都是一份恩典。

火龙果：拥有丰富花青素含量的火龙果，无论是生吃还是榨汁，抑或做成冰淇淋，皆不影响美味。

秋

秋风吹来，吹散了夏日的炎热，带来阵阵清爽，细嗅，还可以闻到空气中夹杂着果实的香甜气息。秋天是一个收获的季节，此时，橘子、橙子个个"涨红了脸"，挂在枝头，就像一盏盏高悬的灯笼。它们富含维生素C、胡萝卜素等营养成分，美容养颜，何不找一个闲来无事的周末或者午后，亲手来做一些果酱或者果茶呢？秋日天干气燥，喝一杯满满维生素的甜蜜水果茶再合适不过了，搭配蜂蜜，暖心又暖胃的同时，还有去燥润肺的神奇功效，是秋季最好的暖心饮品。

若是喝腻了甜甜的奶茶、果汁，偶尔也可换一杯口味清淡的坚果奶醒醒胃。坚果本身含有优质蛋白质、脂肪以及人体所需的多种微量元素，营养丰富，有益健康。杏仁、核桃、腰果、开心果的组合会让你重新认识坚果的奇妙，再加上抹茶、蜂蜜的调味，口感更加独特。爱尝试的你，还可以试试加入枫糖糖浆或者可可粉，说不定会有新的惊喜哦！

金橘柠檬红茶

👥

准备时间 2min

制作时间 8min

用料

金橘…2个　　　　蜂蜜…20ml

柠檬…1个　　　　冰块…适量

红茶包…3包　　　薄荷叶…少许

做法

1　先将红茶包加600ml开水冲泡备用。

2　将柠檬洗净，去皮去子，置入料理机中，倒入红茶和蜂蜜后榨汁，然后倒入杯中。

3　金橘对半切开，用手挤出果汁，连同果皮一并放入杯中，然后放入冰块，用薄荷叶装饰即可。

橘子果酱

👥👥👥👥👥

准备时间 30min

制作时间 40min

🥤 熬制果酱以搪瓷、不锈钢锅为好，不宜用铁锅、铝锅，否则会影响果酱的颜色和口感。

用料

澳橘…2kg   糖…500g

柠檬…1个   蜂蜜…400ml

做法

1 用盐搓去橘子表皮的蜡，洗净备用。

2 剥皮，刮掉橘皮里面的白色内层，橘皮切丝备用。

3 将去子后的橘瓣切开与橘皮丝一起放入锅中，柠檬挤汁，加200ml水、糖，先大火煮沸，再盖上锅盖改小火煮30min，待果酱变得黏稠，温凉后放入蜂蜜，搅拌均匀。

4 将果酱盛入密封的罐子中，放入冰箱冷藏保存，喝时取两勺用温开水或凉水稀释即可。

093

橙子酒

一秋

橙，浑浑圆圆，橙黄清新，淡淡的橙香萦绕，混合着米酒的酿造香气，久久不散……

👤👤👤👤👤

料理时间 10min

酿制时间 90 天

用料

柳橙…500g   冰糖…150g

高粱米酒…500ml   盐…适量

做法

1 橙子表面用盐搓洗后冲净晾干。

2 橙子对半切开，再切成约3mm厚的薄片。

3 以一层柳橙片、一层冰糖的方式放入广口玻璃瓶中，再倒入高粱米酒，封紧瓶口。

4 贴上制作日期，放置于阴凉处，静置浸泡3个月左右，即可开封滤渣饮用。

> 开封后取出柳橙片，再继续放置1个月左右等果酒完全熟成后，风味更佳。柳橙酒可以做沙拉调味汁，混合成风情鸡尾酒，还可以在海鲜料理中大显身手。

苹果醋

秋

𒀸𒀸𒀸𒀸𒀸

料理时间 10min

酿制时间 60 天

用料

苹果…500g

冰糖…100g

陈年白醋…500ml

做法

1 苹果洗净切开去核，切成片状。

2 在无水无油的玻璃瓶中，依次放入苹果片、冰糖，逐层码入。

3 近乎装满玻璃瓶后，倒入白醋，醋的量要没过水果表面。

4 密封后，标上制作日期，放在阴凉处，静置酿泡60天左右。

5 开封后，取出苹果片，过滤掉果肉渣。每次饮用时，取50ml果醋，用6~8倍的凉开水稀释调匀后饮用最佳。饮用时还可以加入蜂蜜，更具风味。

 此果醋的制作方法可以同理应用到葡萄、金橘、柠檬等，饮用时只取果醋食用，其实浸泡的果肉还可以继续再加工成蜜饯。

 海盐奶绿

👤👤👤

准备时间 5min

制作时间 10min

 奶盖的厚度最好不要超过1cm。

用料

淡奶油…500ml

炼奶…20ml

全脂牛奶…50ml

绿茶…200ml

海盐…5g

奶油芝士…10g

冰块…100g

做法

1　用普通的绿茶当底，或者用购买来的绿茶饮料当作底均可。

2　在杯中放满冰，之后倒入绿茶，最多只能倒八分满，喜欢稍甜口味的还可以在其中加入果糖。

3　将淡奶油、炼奶、海盐和隔水融化的奶油芝士混合，用打蛋器打发。

4　将打发的芝士奶油中掺入全脂牛奶，再继续打发成糊状的芝士奶盖。

5　最后将芝士奶盖缓慢地倒在绿茶表面即可。

金橘普洱茶

888

准备时间 9h（含冷藏、冷冻时间）

制作时间 10min

如果感觉冷泡普洱的味道过浓，可以在喝的时候冲入矿泉水，之后再加入其他物料。

用料

普洱…1小块　　　　金橘…3个

矿泉水…1000ml　　乳酸菌饮品…1瓶

柠檬…3片

做法

1 提前一晚将乳酸菌饮品冻入冰格，备用。

2 提前一晚将普洱泡入矿泉水，密封好，放入冰箱冷藏室，冷泡成普洱茶。

3 金橘对半切开。

4 喝的时候将金橘、柠檬片提前10min泡入冷泡普洱中，最后放入乳酸菌饮品冰块，立即饮用即可。

蜂蜜柚子茶

秋

用水调好蜂蜜柚子茶，会发现热的时候偏酸，放凉以后更甜。因为低温时水果中有机酸酸度降低，而果糖甜度上升，所以整体更甜了。

八八八八八

- -

准备时间 10min

- -

制作时间 1h

用料

柚子…1个

柠檬…1个（取汁）

蜂蜜…150~200g（视口味增减）

黄冰糖…100g

粗盐…10g

盐…2g

做法

1 用粗盐搓柚子表皮，去除表面的蜡质，冲洗后用厨房纸擦干。

2 切开柚子，将果皮、果肉分离，果皮刮去白瓤，只取表皮部分，越薄越好，切成细丝；果肉取出，去除白色筋膜，撕开备用。

3 锅中倒水烧热（不用烧开），加入柚子皮丝、盐，浸泡出颜色后可以尝一下是否去除了苦味，若不苦了可以捞出沥干，或增加浸泡时间直至苦味去除。

4 锅中倒入1250ml水烧开，倒入柚子皮丝、果肉、黄冰糖煮开后转小火，边加热边搅拌，继续煮30min左右熬至黏稠，加入柠檬汁再熬10min左右。

5 关火，待其稍凉后倒入蜂蜜混合均匀，冷却后装罐密封。饮用时，尽量用温开水冲泡。

百香果茶

秋

👥👥

准备时间 8min

制作时间 15min

用料

百香果…2个　　　　　西柚…两瓣

凤梨…1/4个　　　　　柠檬…1/2个

奇异果…1个　　　　　石榴味糖浆（或蜂蜜）…20ml

桃子（或苹果）…1个　锡兰红茶…10g

做法

1　将凤梨、奇异果、桃子洗净去皮切小块，西柚去皮和白色筋膜，果肉切小块。百香果对半切开，柠檬洗净切片。将除柠檬片外的所有水果都放入茶壶中。

2　取一个小奶锅，煮一锅开水，将锡兰红茶放入，关火盖上锅盖闷5~7min。

3　取茶汤倒入茶壶中，根据个人口味加入石榴味糖浆搅拌均匀，最后放入柠檬片即可。

肉桂水果茶

准备时间 5min

制作时间 15min

用料

苹果…1/2个   肉桂…少许

橙子…1/2个   蜂蜜…少许

红茶包…1~2个

做法

1 将苹果切3~4瓣，橙子切片，取2~3片即可。

2 用红茶包加800ml开水，泡红茶。（也可用茶叶现煮红茶）

3 将苹果瓣、橙子片、泡好的红茶倒入小锅，中火煮沸后转小火继续煮10min左右。

4 温凉后加入少许蜂蜜，根据个人口味加入适量肉桂即可。

103

干果茶

总是有不方便喝到新鲜果茶的时候，比如不方便在办公室切切煮煮，或者外出游玩，又或者某个季节没有我们钟爱的那款水果售卖……这时候干制水果就显示出其灵活性了。在家自制水果干，赶着水果丰盛的季节多备些，以后无论外出还是上班，拿出几片用开水一泡就可以了。

| 👤 | 准备时间 2min | 制作时间 6h |

做法

1　将水果洗净或去皮切片，比硬币稍厚即可。

2　将水果片放在厨房用纸上，稍吸干表面的果汁。

3　在烤盘或烤架铺上硅油纸，将水果片放在上面铺好。放进70~80℃的烤箱，加开风挡，烤6h，中间翻面一至三次。

4　将烤好的水果干放在干燥阴凉的环境保存，饮用时用开水冲泡，加入蜂蜜调味即可。

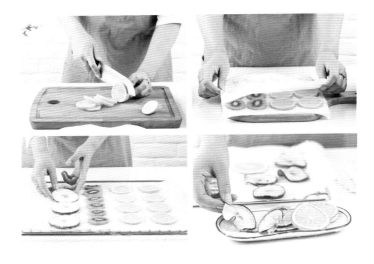

1　各种干制鲜花（玫瑰、金银花、金盏花等）和新鲜香草（薄荷、罗勒、百里香等）是果茶的天然良伴，可以尝试各种组合寻找到你喜欢的口味。

2　果茶颜值高，适合用玻璃容器冲泡。带密封的玻璃罐更宜外出携带，即使上班途中也能一品果茶香。

润肺雪梨茶

👥

准备时间 5min

制作时间 8min

用料

雪梨…200g   干红枣…6、7颗

枸杞子…10g   冰糖…20g

西洋参片…3g

做法

1 将雪梨清洗干净，切成片。

2 枸杞子、西洋参、干红枣也冲洗干净。

3 将枸杞子、干红枣、雪梨片、冰糖放入1000ml开水中，小火炖煮5min，最后加入西洋参片再煮3min，倒入壶中即可。

开心腰果奶

準备时间 3h（含浸泡时间）

制作时间 5min

用料

腰果（生）…35g   南瓜子…10g   牛奶…250ml

开心果（去壳）…15g   抹茶粉…3g

做法

1 提前将腰果浸泡3h左右。

2 将泡好的腰果洗净放入榨汁机中，再加入开心果、南瓜子、牛奶，搅打2~3min。

3 将纱布置于一个大碗上，倒入榨好的坚果奶，用纱布将奶和奶渣分离。

4 将过滤后的坚果奶倒入杯中，加入抹茶粉调味即可。

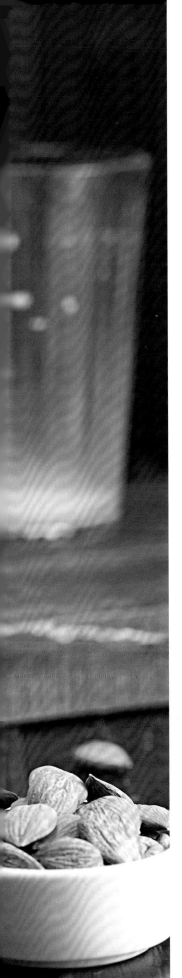

 # 香甜核桃奶

加 秋

👥

准备时间 8h（含浸泡时间）

制作时间 15min

用料

核桃仁（生）…30g

花生仁（生）…15g

杏仁（生）…15g

牛奶…250ml

蜂蜜…2g

做法

1 分别将核桃仁、花生仁、杏仁洗净，提前浸泡一夜。

2 将杏仁炒熟，花生仁去皮和核桃仁、杏仁一起放入榨汁机中，倒入牛奶，搅打2~3min。

3 将纱布置于一个大碗上，倒入榨好的坚果奶，用纱布将奶和奶渣分离。

4 将过滤后的坚果奶倒入杯中，加入蜂蜜调味即可。

1 在搅打时，保证坚果都搅打成碎末就可以过滤了，太细碎容易在过滤时使坚果渣透过纱布，影响口感，过滤后余下的渣子也可以利用起来，做成高纤能量球或者杏仁饼等。

2 花生仁最好去皮，这样涩感会减轻，如果不介意这样的味道，可以保留。

3 抹茶和蜂蜜的量可根据个人口味调节，也可以用枫糖糖浆、红枣、可可粉等替代。

4 坚果奶用水或者牛奶搅打都是可以的，喜欢热饮的话，可以煮热之后再饮用。

手冲咖啡

饮品制作 路畅

👤

准备时间 1min

制作时间 2.5min

做法

1 在滤纸中倒入磨好的咖啡粉。

2 轻晃滤纸使咖啡粉表面平整。

3 从中间开始向边缘绕圈注水（水温保持在88~92℃），用两倍咖啡粉量的水（约30ml）打湿所有咖啡粉，闷30秒。

4 从中间开始顺时针画圆圈进行第二次注水（约100ml），等水面下降至约八分满时以同样方式进行第三次注水（约100ml）。

5 静待咖啡萃取，从第一次注水至咖啡萃取结束时间约为2.5min，一杯手冲就做好了。

 冲泡的过程中，水流要尽量保持流速一致，不要将水倒在咖啡粉的外缘。

初心特调

饮品制作 路畅

👤👤👤👤👤

准备时间 2min

制作时间 10min

○ 南非如意宝红茶可以用其他茶包代替，会有不同风味。

○ 如果家中没有奶泡机，可将50ml牛奶加热至温热（65℃左右），用手持打奶泡器打出奶泡。

用料

南非如意宝茶…1包

黑咖啡…75ml

热豆奶…1000ml

做法

1　取一包南非如意宝茶用75ml热水冲泡，取出茶包后倒入黑咖啡，制成混合液（黑咖啡与茶水比例1：1）。

2　在混合液中倒入热豆奶搅匀，分成5杯，用奶泡机打上奶泡即可。

初心鸳鸯

饮品制作 路畅

👤

准备时间 1min

制作时间 5min

用料

抹茶粉…15g　　　　黑咖啡…50ml

牛奶…75ml　　　　冰块…半杯

做法

1　抹茶粉、30ml水放入杯中，用茶筅搅至均匀。

2　取一只玻璃杯（约300ml），倒入抹茶液体及半杯冰块，加入牛奶至七分满，最后倒入黑咖啡即可。

黑凤梨

饮品制作 路畅

👤

准备时间 2min

制作时间 3min

用料

凤梨酱…30g　　　　黑咖啡…50ml

苏打水…100ml　　　冰块…半杯

做法

取一只玻璃杯（约320ml），放入凤梨酱，加入冰块至五分满，倒入苏打水，搅拌均匀。最后倒入黑咖啡即可。

 秋 | # 抹茶拿铁

👤

准备时间 1min

制作时间 8min

如果没有咖啡机，可以把牛奶加热至70℃左右用拉网式奶泡壶拉出奶泡。如果也没有拉网式奶泡壶，就直接把全部的牛奶加热，溶化抹茶粉后冲入杯中即可。

用料

抹茶粉…15g

全脂牛奶…250ml

原味糖浆…15g

做法

1 杯中倒入原味糖浆，取一半牛奶用小锅加热至70 ℃左右，加入抹茶粉搅拌均匀，倒入杯中备用。

2 剩余牛奶装入奶泡壶，用咖啡机的打泡功能加热并打起奶泡，然后倒入杯中即可。

 香橙肉桂咖啡

准备时间 2min

制作时间 8min

92℃是制作滴漏咖啡的最佳温度，严格控制温度，萃取出的咖啡会更加纯正美味。为了咖啡的品质，最好使用纯净水来制作咖啡。研磨后的咖啡氧化速度非常快，为了享受最佳状态的咖啡，请使用咖啡豆研磨机现磨现煮。

用料

咖啡粉…20g　　　鲜奶油…适量

橙子…1个　　　　糖…适量

肉桂棒…1个

做法

1　把橙子的表皮清洗干净，用刮刀刮下橙皮碎屑，备用。

2　将橙皮的碎屑与咖啡粉一起冲泡，即制成一杯香浓的橙味咖啡。

3　在咖啡中放入适量的糖。

4　将奶油打发后，挤到咖啡上面，插入肉桂棒，喜欢的话还可以在奶油上面再加入一些橙皮的碎屑。

喝懂一杯好咖啡

/

饮品制作　Young
场地　　　我与地坛 thecorner

　　Young是"我与地坛"咖啡店的咖啡师及技术品控，喜欢从事咖啡方面的研究和分享，喜欢与人交流好喝的咖啡。他认为咖啡不一定是大众印象中的浓与苦，它也可以是清爽的，喝起来是没有负担的，好喝并且愉悦的。

　　做一杯咖啡，从选豆、烘焙、研磨到冲泡萃取，每个环节严谨却又多变。

　　咖啡豆是咖啡旅程的起点，每一颗豆子散发着独有的风味。耶加雪菲的果香清爽、曼特宁的醇厚浓郁、西达摩自然优雅又不失野性俏皮的柑橘香气……一颗颗生豆经过水洗、日晒等不同处理方式"脱颖而出"，以此提升了咖啡的甜味、酸味、浓郁度。

　　深浅不同的烘焙方式使加工后的生豆成为咖啡馆中可直接使用的"熟豆"，咖啡豆自身的风味在烘焙过程中完美发挥出来。通常来讲，烘焙的时间越久、程度越深，则酸味越低、苦味越

高。而一个好的烘豆师能使咖啡豆的酸味、甜味、苦味在这一阶段达到平衡。烘豆、研磨、冲泡萃取，整个咖啡的制作过程更像是人生旅程：只需用对的方式把最质朴纯粹的一面展现出来。于是，一杯热气腾腾、飘着香气的热咖啡，或者多了些许冰块、沁人心脾的冰咖啡，便端上桌来。手捧着咖啡，细品一口，将思绪入口存心，与自己对话谈心。

　　Q：咖啡豆不是豆？

　　A：从植物学上讲，咖啡豆不是"豆"，咖啡的果实属于水果。之所以全世界人民不约而同地叫它咖啡豆是因为它的果肉实在是太小了，我们使用的咖啡豆是去掉果皮和果肉等部分的咖啡果实的种子。

　　Q：咖啡又酸又苦？

　　A：咖啡的酸与苦和烘焙的程度有关，一般情况下是烘焙的程度越深，味道越苦，烘焙的程度越浅味道越酸。

　　Q：咖啡因与烘焙程度有关？

　　A：实际上烘焙的程度不会影响咖啡本身咖啡因的含量，咖啡因的多少和咖啡豆本身的品种有关。

冰滴咖啡（哥伦比亚粉波旁｜水洗）

冰滴咖啡

冰滴咖啡是将冰块融化后的水滴在咖啡粉上，在低温的状态下需要6h甚至更长的时间来完成。用35g咖啡粉与350ml的冰水混合（按1：10的粉水比制作）冰滴滴完后还需要再发酵一晚，萃取后的冰滴咖啡其浓度在3%左右，浓度较高。

咖啡水洗法

将筛选后的咖啡樱桃放入脱皮机，去除咖啡果皮和果肉。将带着残留果肉的咖啡生豆放入水中，让其发酵。发酵后，将咖啡生豆放入流动水槽中清洗，去除其果肉与果胶。清洗后的咖啡豆经过晾晒或借助烘干机让咖啡豆干燥，让含水率降低至12%左右。最后去除咖啡生豆的银皮，不仅保留了咖啡

的本味，并且加强了咖啡的酸度，以及特殊的果香。

口味测评

为了方便更多人饮用，会选择加冰块稀释，最后浓度在1.4%~1.5%，随着冰的融化咖啡的浓度也会随之降得更低，给人一种干净清爽的口味，有淡淡花香水果调，最后口中还会有一点发酵后的酒酿味道。

热咖啡（西达摩圣塔维尼｜厌氧日晒）

咖啡日晒法

日晒法保留完全的果肉，普遍认为果肉的发酵能够给予咖啡豆更多的水果香味，以及迷人酒香和带有发酵感的香味。其最大的优点是经过日晒处理的咖啡豆甜感极强，口感厚重，香气复杂。

厌氧发酵

发酵的过程一般可分为有氧发酵和厌氧发酵。厌氧发酵则是将氧气排出，让咖啡豆置于无氧环境中发酵，在其发酵过程中可以进行监控和调节，降低咖啡豆果胶中的糖分分解速度和pH的下降速度，从而获得更高的甜度和更独特的风味。

口味测评

这款虽然是热咖啡，但是夏天饮用也不会违和。入口有一种很轻微的发酵之后的水果香气，不苦但是浓稠，有着明显的菠萝蜜的香甜风味，是味蕾能够接受的舒适程度。

冬

寒冬时节，身体需要补充更多用于御寒的热量，
春、夏、秋日不敢碰触的热可可、奶茶，终于迎来
了属于它们的季节。寒风凛冽，手捧一杯香气萦绕
的热可可、热奶茶，便是冬天里的快乐。热可可不
仅有可可粉加牛奶，还有你能想象到的那些棉花
糖、奥利奥、巧克力、奶盖、坚果……寒风和冷意
融化在热可可的温度中，甜蜜正浓，温热恰好；奶
茶丝滑柔顺的口感和浓郁扑鼻的奶香让人欲罢不
能，它的香甜不仅仅是味蕾上的感知，而是直抵心
口，使整个人都洋溢着甜蜜的味道，周身被温暖的
气息包围。

除了香甜的热可可、奶茶，饱腹感强的粗粮饮也适
合冬季饮用。在一杯健康饱腹的粗粮饮中，蜂蜜与
糖都只是点缀，更多是来自食材本身的风味。它可
以用玉米、燕麦等谷物制成，也可以用山药、紫薯
等块茎制作，还可以用绿豆、红豆等豆类完成。冬
日漫长，将粗粮细做，饮用这杯温热的粗粮吧！

 蓝莓奥利奥热可可

👤

准备时间 2min

制作时间 8min

用料

可可粉…5g   喷射奶油…5g

牛奶…300ml   蓝莓…4颗

奥利奥饼干…2块   薄荷叶…1小枝

白砂糖…5g

做法

1 奥利奥饼干去掉中间的奶油部分，将饼干掰碎后，再用勺子碾至细碎。

2 牛奶倒入奶锅中，加入可可粉、奥利奥饼干碎（1块量）、白砂糖，小火加热，边加热边用木勺搅匀，加热至锅边不停有小气泡冒出，不必沸腾。

3 将加热好的热可可倒至杯中，在表面喷射上一层奶油，点缀奥利奥饼干碎（1块量）、蓝莓、薄荷叶即可。

 冬 # 棉花糖焦糖热可可

八

准备时间 2min

制作时间 8min

用料

可可粉…3g   白砂糖…5g   棉花糖…5块

牛奶…200ml   喷射奶油…5g   蜂蜜…10g

香草精…0.1g

做法

1 牛奶倒入奶锅中小火加热，加入可可粉、香草精，小火边加热
   边搅拌，至锅边有气泡冒出即可关火。

2 将热可可倒入杯中，在表面喷射上奶油，放入棉花糖，撒上白
   砂糖，用喷枪将棉花糖表面的白砂糖喷烤至变色，淋上蜂蜜
   即可。

 白砂糖和棉花糖的用量可以根据
个人口味增减，香草精也可以
不加。

自制巧克力热饮

👤	准备时间 2min	制作时间 12min

用料

黑巧克力…125g　　饼干…1/2袋

鲜奶…75ml　　淡奶油…50ml

棉花糖…3颗

做法

1　锅中热水，温度不超过50℃。

2　巧克力切块放入碗中，隔水融化，期间沿同一方向慢慢搅拌成丝滑的液体。

3　将融化的巧克力倒入杯中备用。

4　鲜奶倒入锅中小火加热至90℃（锅边有气泡，刚开始沸腾为宜）。

5　将热好的牛奶倒入之前的巧克力杯中。

6　将它们搅拌至丝滑状态。

7　把适量的饼干放入保鲜袋中，先拍后碾碎至粉末状。

8　中速打发淡奶油。

9　将打发好的淡奶油装入裱花袋，挤在热巧克力上面。

10　在搅拌好的热巧上放上棉花糖。

11　将备好的饼干碎撒入杯中进行装饰，一杯香浓的巧克力饮品制作完成。

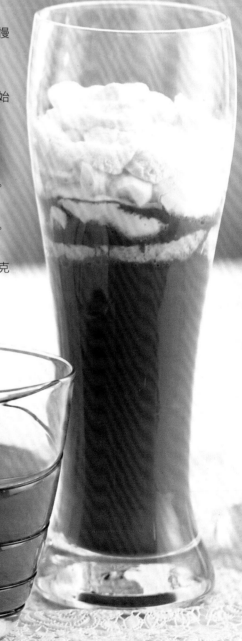

 融化巧克力的 3 种方法：

1 隔水加热法

　　一般融化代可可脂巧克力的温度不超过60℃，可可脂巧克力的温度不宜超过50℃。融化巧克力的时候一定要注意沿同一方向搅拌，并且搅拌的时候碗中不能进水，否则巧克力会越搅越硬。水温不超过50℃，也是避免产生水蒸气使锅内的巧克力受潮。

2 微波加热法

　　将少量的巧克力切成小块放入专用的微波炉容器内小火融化，每隔30秒钟取出来充分搅匀，以防出现干煳的现象，并且只需融化2/3的巧克力，剩下的巧克力利用余温融化，以达到降温的目的。需要提醒的是微波炉加热法不适合反复使用，比较容易出现返砂的现象。

3 专业巧克力恒温机

　　巧克力恒温机的温度是可以控制的，一般情况下温度控制在40~45℃，将巧克力切成小块后放入恒温机融化。它的优势在于可以提前融化，又不需时刻注意温度会不会变高，而且具有保温的效果，如果暂时不用，只需将盖子盖上，这样表面就不会凝固。

 冬 脏脏茶

准备时间 5min

制作时间 2.5h

用料

木薯淀粉···80g   牛奶···300ml

黑糖···75g   巧克力酱···25g

做法

1 小奶锅中倒入60ml水煮沸后转小火，加25g黑糖搅拌至完全溶化，关火。

2 将木薯淀粉倒入黑糖水中，边倒边搅拌，待其稍凉后盛出，放到案板上和成面团，再将面团搓成长条，切小段，最后搓成小球状的粉圆，可在上面撒一些木薯淀粉防粘，筛去多余淀粉后放入沸水（水量8倍于粉圆）中搅拌，待粉圆浮起后转小火煮20min，关火闷30min后捞出，过冷水沥干，黑珍珠粉圆制作完成。

3 取50g黑糖放入200ml沸水中熬煮，待糖浆熬至浓稠时放入黑珍珠粉圆，用小火煮15min后关火，再盖上锅盖闷1h，待珍珠微黏而不烂时盛入杯中，轻轻摇晃使糖浆挂壁。

4 将牛奶倒入杯中，即可形成虎斑纹路，再倒入适量巧克力酱，喝前搅匀即可。

 可在杯中加入适量乌龙茶，制造出奶茶风味。

港式奶茶

准备时间 5min

制作时间 25min

用料

红茶粉…10g   淡奶…100ml   白砂糖…15g

经典制作方法

1 将茶粉装入拉茶袋中，放入煮茶壶a中备用。煮茶壶b中倒400ml水煮开。

2 撞茶：煮茶壶b举高，从高处将开水倒入装有拉茶袋的煮茶壶a中，大火煮开后转中小火煮6~8min，再将拉茶袋放入煮茶壶b中，将煮茶壶a中的茶汤从高处倒入煮茶壶b中，小火煮开，如此再循环1次，撞茶完成。关火闷5~7min，然后将茶汤盛入杯子a中。

3 拉茶：淡奶中加白砂糖加热至温热状态盛入杯子b中，然后从高处倒入杯子a中，再将杯子a举高，倒入杯子b中。反复拉茶几次，使奶与茶充分融合即可。

简易制作方法

1 将茶粉装入茶包中，然后放入煮茶壶并冲入水大火煮开，再转中小火煮10min，关火闷8min，制成茶汤。

2 淡奶中加入白砂糖加热至温热状态，与茶汤一起倒入杯中，搅拌均匀即可。

---

1 淡奶又称花奶、奶水、蒸发奶，是将牛奶蒸馏去除一些水分后的产品，没有炼乳浓稠，但比牛奶稍浓。它的乳糖含量比一般牛奶较高，奶香味也较浓，是做奶茶的首选，可使奶茶入口更加丝滑。

2 港式奶茶所用的红茶一般为锡兰红茶，香港奶茶师傅一般不用单一的锡兰红茶，而是将不同茶叶拼配成独特的配方，即通过拼茶的方式来制作奶茶。

3 撞茶是为了增加对茶的萃取，同时让茶和空气充分接触，使奶茶更香滑。

4 港式奶茶相较于其他奶茶，茶味更重，经过拉茶的过程可减少茶的涩味，也可使奶茶更丝滑。

紫薯燕麦奶盖桂花汁

ࣰ࠘

准备时间 5min

制作时间 25min

用料	奶盖	装饰
紫薯…100g	淡奶油…50ml	干桂花…3g
燕麦…30g	牛奶…15ml	紫薯粉…2g
冰糖…5g	白砂糖…4g	紫薯脆片…3片
牛奶…500ml	盐…1g	蜂蜜…5g

做法

1 瓶口涂一层蜂蜜，撒上干桂花。紫薯洗净去皮切小块，燕麦洗净。放入料理机中，加牛奶、冰糖打成紫薯燕麦汁，倒入锅中煮开后倒入装饰好的耐热玻璃瓶中。

2 取一只小碗，将牛奶、淡奶油混合，加入白砂糖、盐，打发至五成发（即可以缓慢流动的状态），一勺一勺舀在紫薯燕麦汁上。奶盖上撒紫薯粉，放碾碎的紫薯脆片装饰。

玉米淡奶油干玫瑰汁

👥

准备时间 5min

制作时间 15min

用料

甜玉米…2个　　　　牛奶…450ml

白糖…3g　　　　　　淡奶油…50ml

装饰

饼干棒…2根

干玫瑰花…3朵

做法

1 用刀将玉米粒整齐地切下来。

2 将玉米粒洗净控干，和白糖、牛奶、淡奶油一同倒入锅中，煮沸，小火煮6min。放入料理机中打碎，倒入杯中，表面装饰饼干棒和干玫瑰花即可。

❄ 冬 热苹果西打

苹果和果汁，做成点量片，是进步门量第二大果酒，门以后便捷上一本将办，只剩水溢到了相占部。热了果两门走晨邮做走人对西内全蜜热状之一，家待冬恩的水暖，生人易酸的神中内，厂卖一本好杯，易着肉，和加热丁,易西打，良处至软。

准备时间 2min

制作时间 20min

用料

苹果酒…800ml　　丁香…8g

肉桂…2根　　　　白砂糖…40g

做法

1　苹果酒、1根肉桂和丁香一起放入奶锅中，大火煮沸后转小火熬煮15min。

2　加入白砂糖不断搅拌至全部溶化即可，装杯点缀肉桂。

冬日红豆饮

👤

准备时间 3min

制作时间 10min

如果购买不到合适的蜜红豆，可以自己在家制作。用干红豆200g加上开水2000ml，大火烧开，之后转中火，炖煮2h，最后调入白糖150g，搅拌均匀，收汁即可。也可以适当减少水量，用高压锅来制作蜜红豆。

用料

蜜红豆…60g

牛奶…150ml

肉桂粉…适量

做法

1　将蜜红豆和150ml开水混合，用搅拌器搅匀，倒入杯中。

2　牛奶加热到60℃左右（刚刚感觉有点烫手），用打泡器打成奶泡。

3　将奶泡慢慢倒在蜜红豆上，撒上肉桂粉即可。

 # 热红豆抹茶

👤👤👤

准备时间 3min

制作时间 15min

觉得不够味的，可以将打发的淡奶油加到抹茶上，这样红豆抹茶会更加浓郁香甜。

用料

抹茶粉…10~20g   糖…10g

牛奶…300ml   蜜红豆…适量

做法

1 用30ml热水把抹茶粉搅拌均匀，用茶筅或者打蛋器搅拌到无结块，加入糖搅拌至溶化。

2 把牛奶加热到60℃，打成奶泡摇匀后浇在抹茶上。

3 依个人口味加入蜜红豆即可。

冬 红糖玫瑰姜枣茶

用料

红糖…50g   大枣…80g

干玫瑰花…5g   枸杞子…5g

生姜…30g

准备时间 3min

制作时间 25min

做法

1 生姜洗净，切成姜丝，大枣洗净去核，切片备用。

2 搪瓷锅倒入900ml清水，放入姜丝、枣片小火加热，盖上盖子炖煮15min。

3 加入红糖、枸杞子、干玫瑰花，继续煮8~10min即可。

蔓越莓红茶

	用料
👤	蔓越莓干···1汤匙
	红茶包···1包

准备时间 1min

制作时间 3min

做法

1 杯子用开水烫热，加入蔓越莓干，注入开水。

2 将茶包放入水中2min，提起茶包抖一抖，让茶汁充分溶于水
  中，将茶包取出，稍稍等待，待蔓越莓的酸甜味道溶入水中，
  即可享用一杯蔓越莓红茶了。

❄冬 红酒肉桂水果热饮

👤

准备时间 1min

制作时间 5min

用料

红酒…适量　　　　肉桂…适量

水果…适量

做法

将红酒倒入锅中，并配上你喜欢的水果切片或块一起加热，直至闻到水果香气，但不要让红酒煮沸即可。肉桂也是一定要加入一起煮的，没有的话，出锅时撒上一些肉桂粉也可以。根据个人口味，还可以加入一些糖来调味。

薰衣草鸡尾酒 🍸

再没有什么颜色比紫色更神秘了。在重一些即紫色
隐匿了许多故事遗语。浅一些的则最能感到女性的娇
媚。紫色幻化成一杯饮，那又是几种滋味？

准备时间 2min

制作时间 3min

用料

伏特加…30ml   冰块…适量

柠檬汁…10ml

薰衣草味糖浆…10ml

做法

1 往鸡尾酒雪克杯中加入冰块，注入
 伏特加与柠檬汁。

2 加入薰衣草风味糖浆，充分摇晃。

3 倒入鸡尾酒杯后点缀上小朵薰衣草
 花即成。

141

蓝莓口味热牛奶

888

准备时间 2min

制作时间 25min

用料

蓝莓…200g

牛奶…200ml

糖…5g

做法

1 在小锅中加入适量水与糖、蓝莓煮沸。

2 继续熬制15min左右，期间用小勺将蓝莓充分按压。

3 将蓝莓汁过细筛去渣后，调入加热后的牛奶即可。

冬

鸡尾酒风情把盏话茶 🍸

鸡尾酒的魅力在于浓烈之上，味觉被缓缓而来的醇、柔、香等画映醒，带来无限惊喜。

👤

准备时间 10h

制作时间 8min

用料

茉莉花茶…5g

金酒（杜松子酒）…25ml

桂花酒…30ml

柠檬汁…15ml

接骨木花糖浆…10ml

冰块…适量

做法

1 提前将茉莉花茶泡入金酒中8~10h。

2 将泡好的茉莉花酒、桂花酒倒入摇壶中，充分摇匀。

3 加入柠檬汁、接骨木花糖浆与适量冰块，继续摇匀至融合。

4 用滤冰器将酒倒入杯子，表面装饰茉莉花，可搭配桂花糕一起食用。

 冬

圣诞蛋奶酒

蛋奶酒最早起源于英国，是圣诞节的传统饮品。圣诞时节，一家人在冰天雪地的白色世界里围炉小酌，让温情飘扬在浓郁醇厚的酒香中。

$\begin{array}{ll}\mathcal{A} & \mathcal{A}\end{array}$

准备时间 2min

制作时间 8min

用料

可生食鸡蛋···2枚	淡奶油···150ml
朗姆酒···80ml	白砂糖···45g
牛奶···250ml	肉桂粉···2g

做法

1 蛋黄和蛋清分离，分别分次加糖打发好后，将蛋黄部分缓缓倒入蛋清部分中，缓缓搅拌均匀。

2 缓缓加入牛奶、淡奶油、朗姆酒，继续缓缓搅拌均匀。

3 撒肉桂粉装饰即成。

 蓝色玛格丽特

饮品制作 阿森

准备时间 2min

制作时间 2min

用料

龙舌兰…30ml
蓝橙力娇酒…15ml

柠檬汁…15ml
碎冰…3/4杯

装饰

柠檬皮…1块

做法

将碎冰装入杯中，接着倒入龙舌兰、蓝橙力娇和柠檬汁，最后用柠檬皮做装饰即可。

 大作家

饮品制作 阿森

准备时间 2min

制作时间 2min

用料

伏特加…20ml
苦艾酒…30ml
柠檬汁…20ml
薄荷糖浆…20ml

装饰

玫瑰花朵…1g
薄荷叶…3g

其他

冰…1块

做法

1 将除装饰、冰块以外的所有材料倒入摇壶中，摇晃30s左右。
2 酒杯中放入冰块，倒入摇好的鸡尾酒，最后用玫瑰花朵、薄荷叶装饰。

❄冬 尼罗格尼 🍸

👥

准备时间 2min

制作时间 3min

用料

干金酒…60ml   玫瑰蕊…1g

红味美思…60ml   冰…2块

金巴利…60ml

做法

搅拌杯中加冰，将用料中的三种酒倒入搅拌杯中搅拌2~3min，过滤后倒入杯中，最后加入玫瑰蕊做装饰即可。

肉桂苹果热饮

准备时间 2min

制作时间 15min

用料

肉桂粉…2茶匙　　　　　　红茶包…1袋

苹果…2个　　　　　　　　糖…适量

做法

1　将苹果去皮，切成小丁，锅中倒水，放入苹果丁，水要刚刚没过苹果一点即可。

2　将肉桂粉撒入锅中，小火炖煮10 min。

3　炖煮之后，滤出苹果肉桂水，趁热放入红茶包，加入适量糖即可。

149

 血腥玛格丽特鸡尾酒

"血腥玛格丽特"源于十六世纪中叶英国女王一世，她把所有违背她意志的人都无情处死，因此得到这个称号。Bloody Mary是经典的万圣节"血酒"，着了魔的红艳番茄，飞散着微醺欲醉的火烧、米。干了这杯浓烈芬芳的调特"鲜血"

&&&

准备时间	3min
制作时间	10min

用料

番茄…150g	带叶西芹…2根	黑胡椒粉…1g
伏特加酒…60ml	辣椒油…1ml	干辣椒粉…2g
柠檬…1个	盐…2g	冰块…6块

做法

1 将番茄洗净后去皮切块，放入料理机中打成番茄汁；西芹取带叶一端切段；柠檬切开，切一片备用，其余取汁。

2 在调酒器中放入冰块，倒入伏特加酒和番茄汁，滴入辣椒油，加柠檬汁，摇晃均匀后倒入杯中。

3 在杯中加入盐、黑胡椒粉、干辣椒粉，用西芹茎搅拌，装饰一片柠檬即成。

魅力巧克力

巧克力是广受小孩子、年轻人尤其是年轻女性喜爱的一种甜食，它口感香甜细腻，可以直接食用，也可做成饮品、蛋糕等其他美味。它不仅可以取悦我们的味蕾，更可以愉悦我们的心情。在每年的情人节，它更是向对方表达爱意不可或缺的存在。

制作巧克力的核心原料是可可豆，也就是可可树的种子，这种树生长在中美洲的热带雨林中。根据考古学家的发现，最早食用可可豆的是玛雅人，他们将可可果打碎，取出可可豆，碾碎后加入其他一些食材制成一种糊状的饮品，也就是巧克力的祖先了。16世纪初，西班牙探险家荷南多·科尔特斯在墨西哥品尝到这款饮品，之后他将可可树带回西班牙种植。西班牙人不喜欢苦涩的口感，便不断改良，在巧克力饮品原有的基础上加入了多种香草，使其口感更加丰富，滋味也更加可口。

其实，19世纪以前，巧克力一直是以液体的形式存在的，直到19世纪初，荷兰人范·豪滕利用可可压榨技术将可可豆分离成可可脂和可可粉，这为固体巧克力的诞生奠定了基础。19世纪中叶，世界上第一块固体巧克力面世，此时巧克力结束了作为单一饮品的漫长历史，同时成为了一种食品。

20世纪，巧克力市场急剧扩张，大量可可脂被用于生产化妆品，人们便想办法找寻可可脂的替代品。到了20世纪60年代，日本人发现用棕榈仁油制成的代可可脂生产出来的巧克力，在口味上并不输给用纯可可脂制作的巧克力，于是迅速将这一技术推向市场。这样一来，巧克力的生产工艺进一步简化，同时大大降低了成本，产量也提高了。这时，巧克力才渐渐从上流社会走向平民百姓家，成为全民皆爱的甜品。然而，当时并不知道代可可脂中含有的反式脂肪酸对人体的伤害。

巧克力的分类

市面上常见的巧克力一般分为黑巧克力、白巧克力和牛奶巧克力三种。黑巧克力因为不含或含有少量牛奶成分，可可脂和可可粉的含量非常高，因此口感较为香醇，也相对苦涩，高档巧克力一般都是黑巧克力。白巧克力顾名思义为白色，因为其只含有可可脂和牛奶，不含可可粉，所以口感较甜，只有可可的香味，而不具有一般巧克力那种浓郁的口感。有些人甚至认为，白巧克力算不上是真正意义上的巧克力。牛奶巧克力是在黑巧克力的基础上添加了牛奶成分，口感香甜浓郁，是最受大众喜爱的一款巧克力。

浓情巧克力

　　很多人忌惮巧克力的热量，对其敬而远之，其实适量食用巧克力是对人体有益的。巧克力属于高热量食品，可以快速补充人体所需要的能量，而且黑巧克力中还含有钙、钾、锌、硒、铁等微量元素。同时，它还含有丰富的苯乙胺，这种物质可以调节人的情绪，让人觉得快乐，所以"巧克力带给人们恋爱的感觉"是有一定科学依据的，心情不悦时不妨一试。